“地下长城”坎儿井

查 璇 绘著

CHISO SINCE 1956 新疆青少年出版社

经过绵延不断、寸草不生的戈壁，我远远看到盆景一般的绿色田园。那就是吐鲁番！红色的山崖配着绿色的草木，真是美极了，我有点儿不相信自己的眼睛。

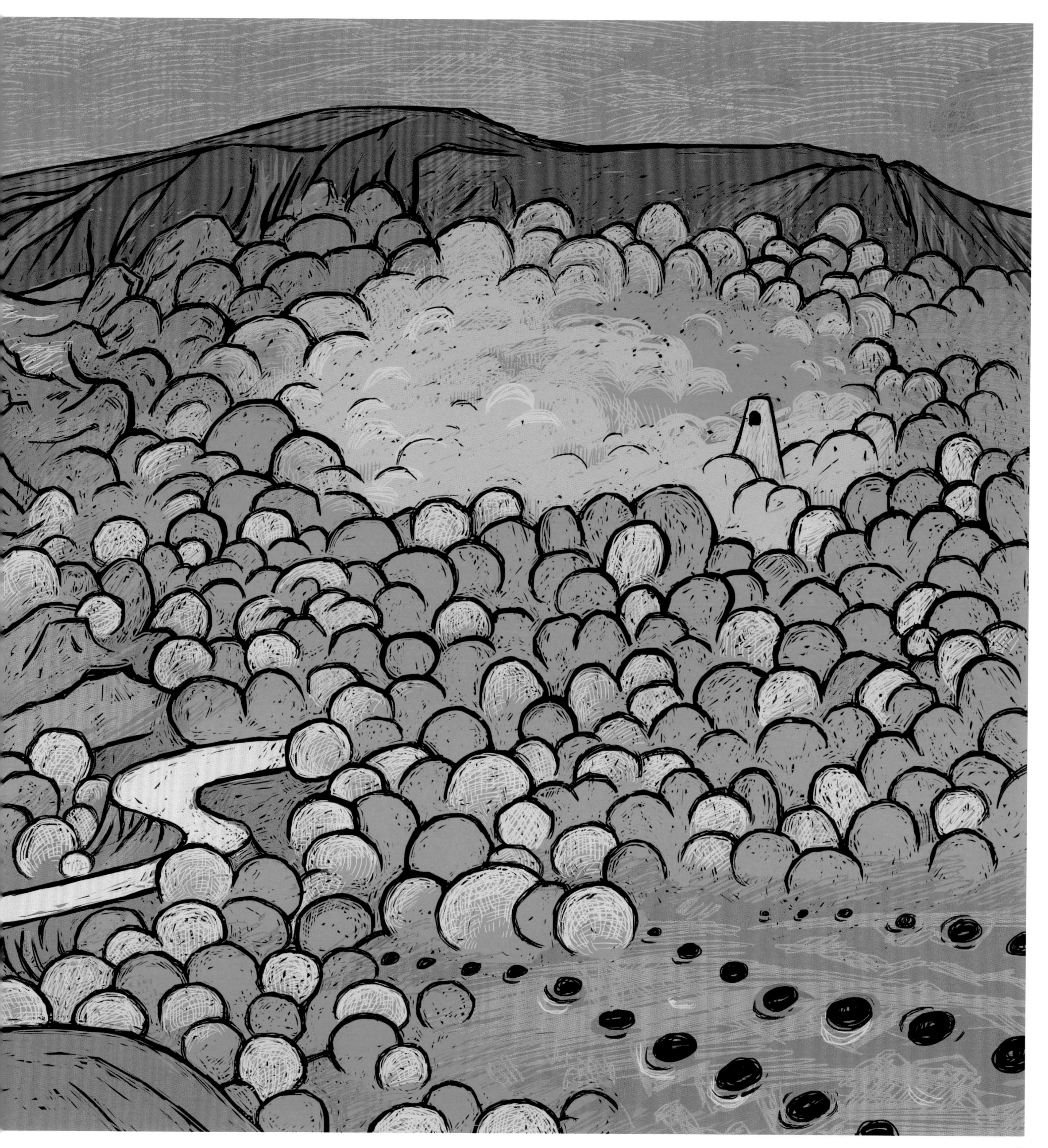

爸爸的朋友阿里甫的葡萄园里，葡萄架上垂下一串串漂亮的葡萄。

远处的瓜田边，一辆大集装箱货车在等着收瓜果。

阿里甫从架上摘下一串葡萄递给我。我吃了一颗：真甜啊！

爸爸站在路边一条哗啦啦流淌的溪水旁，对着不远处的水潭拍着照。水边生长着许多绿茸茸的灌木，大树将它们苍老的枝干伸入水中。

“这么多水是从哪儿来的呢？我们来的时候看到一路都是戈壁滩呀。”我问。

爸爸告诉我：“这里的水来自天山。”

天山：平均海拔约 4000 米。

火焰山：平均海拔约 500 米。

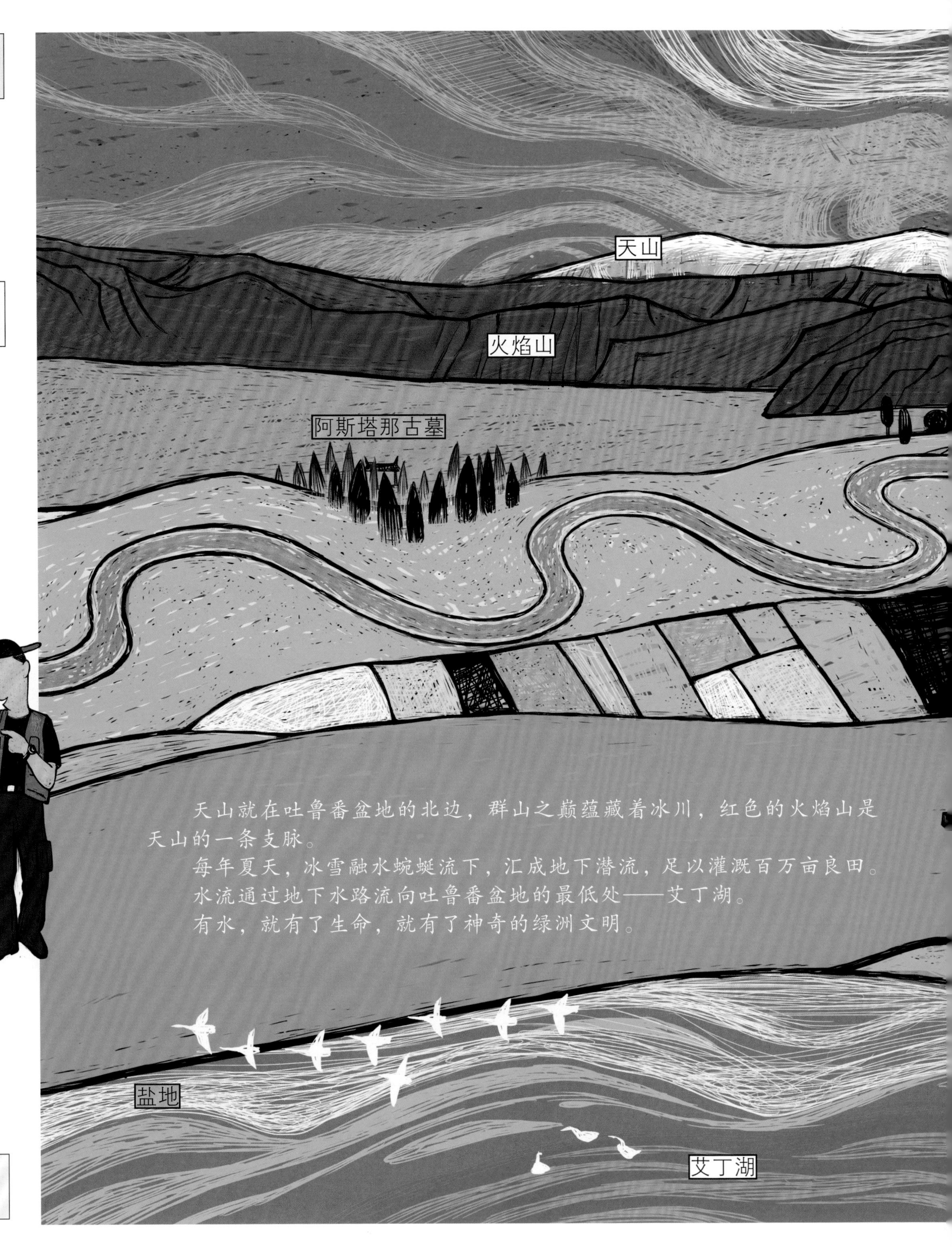

天山就在吐鲁番盆地的北边，群山之巅蕴藏着冰川，红色的火焰山是天山的一条支脉。

每年夏天，冰雪融水蜿蜒流下，汇成地下潜流，足以灌溉百万亩良田。

水流通过地下水路流向吐鲁番盆地的最低处——艾丁湖。

有水，就有了生命，就有了神奇的绿洲文明。

艾丁湖：平均海拔约 -155 米。

柏孜克里克石窟
高昌故城
渔场
玛瑙滩

地下水路像一张大网，铺在天山和吐鲁番之间，水就在下面静静流淌。这就是古老而庞大的引水工程——坎儿井。

坎儿井的地下部分叫作“暗渠”。在人们需要的地方，暗渠中的水会被引到地面，大家就用这些水浇灌农田，在水边乘凉、玩耍……

暗渠全部是人工开挖出来的，更厉害的是，不用任何动力装置，就可以让一滴水行走千里。

坎儿井

水的故事

冰雪化成水，渗入地下，再流到人们身边，要用很长时间。

因为经过了岩层的过滤，坎儿井的水富含矿物质，跟矿泉水一样。

水和智慧的结晶——坎儿井，让生命在绿洲繁衍。

融水四年后才流到人们身边，这时候已经变得异常甘甜……

坎儿井是怎么诞生的呢？有很多传说，其中有这样一个故事……

正当他快要绝望的时候，一片长满绿草的洼地出现了。牧人知道，有草地，就肯定有水！

牧人喝了一口：啊，这水像甘露一样甜。

这么好的水，一定要引回部落。这样，大家就不用跑那么远的路到处找水了。

牧人说干就干。他在地面上挖渠，可没挖多远，引出来的水就被太阳晒干了。

来到坎儿井博物馆的门口，爸爸告诉我，我们很快就能进入坎儿井的地下部分看个明白了。

展厅里，真的有一个深深的洞口通向地下。“好神奇！”我紧张地跟在爸爸身后，随着排队的游客走上通往地下的台阶。

我手扶洞壁，感觉洞壁上有一条一条的痕迹。爸爸告诉我，这是掏挖坎儿井时，匠人们用工具挖凿过的痕迹。

这时，一股凉爽的水汽钻入鼻子，原来我们已经置身一条地下暗河的边沿。

河水清澈见底，这就是坎儿井的主体——暗渠。水流得很急，打着一个个小漩涡。

“坎儿井的水为什么流得这么快呀？它在地下流淌，水道是弯弯曲曲的还是笔直的呢？”我好奇地问。

爸爸说：“要了解暗渠的样子和水自然流动的秘密，就要看懂坎儿井的内部结构，这可有点儿难度啊！不过没关系，后面还有机会！”

我疑惑地点点头。

奇妙的构造
竖井
竖井
竖井
坎儿井的四个主要组成部分是竖井、暗渠、明渠和涝坝。暗渠通过龙口与明渠相接，明渠一般建有涝坝，即蓄水池。
竖井是开挖暗渠时用来定位、进人、出土和通风用的，并用于日后的清理疏通。竖井在地面上形成一个个环形小土堆，这就是竖井口。
通常，一条坎儿井有几个到几百个竖井，最浅处1米，最深处可达120米。
牧人的传说其实讲的是**水源问题**。
我正在看的是**坡度问题**。
融水
不透水层
坎儿井
CBA

坎儿井水自然流动的秘密

吐鲁番是盆地，与天山的地势落差极大。从5445米高的博格达山山顶到吐鲁番盆地中心的艾丁湖湖面，距离不过60千米，高差却有5600米。“水往低处流”，人们就利用这特殊的坡度把地下水用人工开挖的暗渠引流到需要的地方。

“走，我们去施工现场看看！”从洞口出来，我发现眼前是一片开阔的工地，一群人正在忙碌着。

我跑到一个正在开挖的洞口旁，探头看过去：“好小啊，它跟我们刚才看的那个坎儿井怎么不一样？”

爸爸说，我们刚才看的是供大家参观用的坎儿井，真正的坎儿井竖井就只有一人多宽，只能容纳一个人在里面挖掘。

坎儿井是怎样挖成的

这有关坎儿井诞生的又一个秘密——**地质问题**。吐鲁番盆地虽然地处戈壁荒滩，但地下是高钙黏土，质地坚实，便于挖掘，而且不易崩塌。

以前，坎儿井大部分是采用人力挖掘，在挖得较深的地方，才需要牛、驴、骡等动物的助力。挖凿坎儿井的活儿很苦，竖井只能由一个人完成，暗渠也只能四个人一起工作。现在的坎儿井工程已经用上了机械。

传统挖井工具

挖坎儿井的人叫"坎儿井匠"，手艺高超，会熟练使用各种工具。

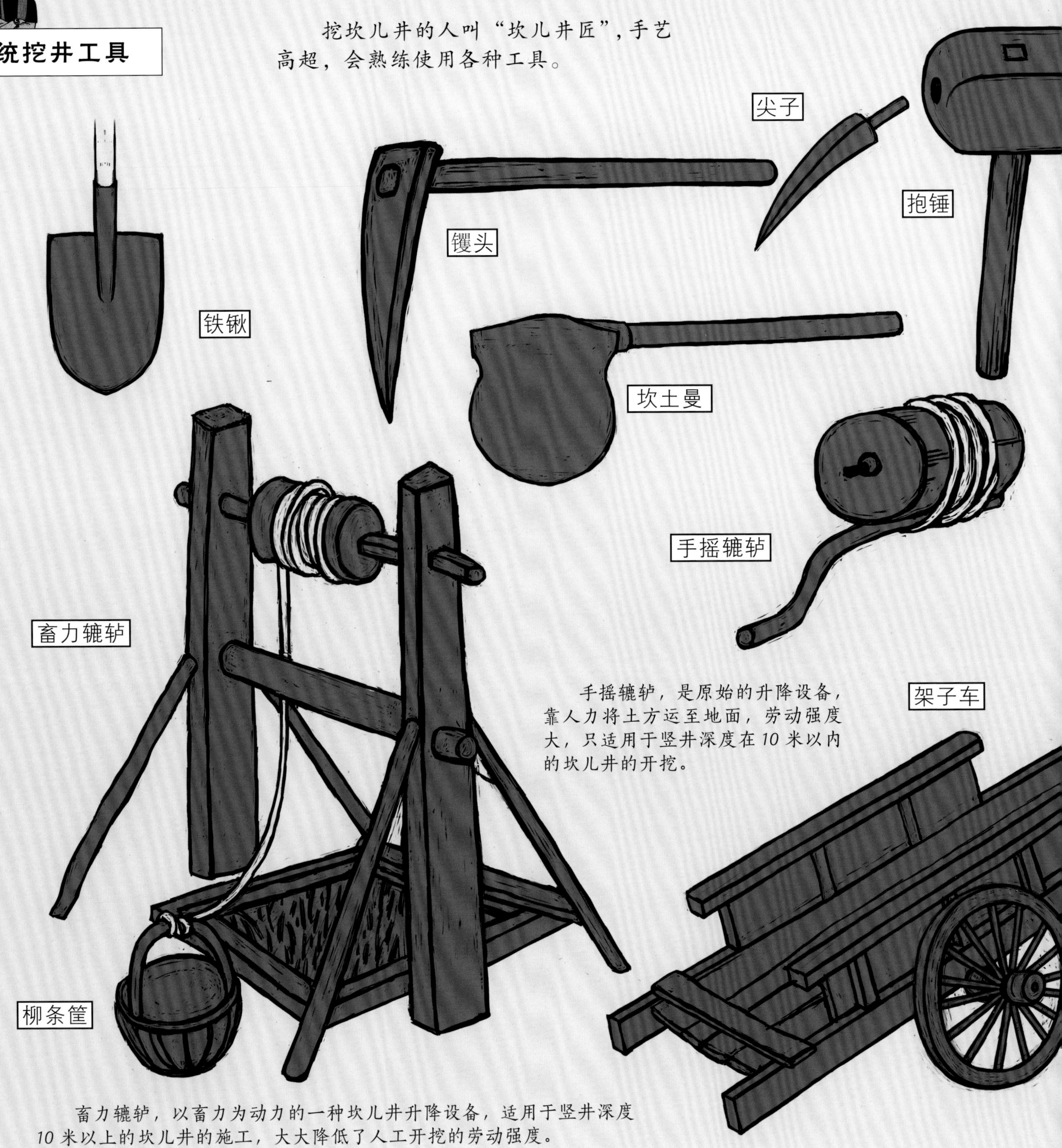

手摇辘轳，是原始的升降设备，靠人力将土方运至地面，劳动强度大，只适用于竖井深度在10米以内的坎儿井的开挖。

畜力辘轳，以畜力为动力的一种坎儿井升降设备，适用于竖井深度10米以上的坎儿井的施工，大大降低了人工开挖的劳动强度。

绞盘式辘轳可以把坎儿井匠安全送达上百米的井底，也可以用畜力提土方，是古人运用力学原理设计的先进升降设备。

定向灯葫芦，利用两点成一线的几何定律标出直线，让洞不会打偏。它可以当作水平仪、指南针，它甚至能救命——匠人看到灯火熄灭，就赶快跑出去。

定向木棍，在开挖暗渠时用于确定连接竖井的准确方向。

巧妙的施工

如何让通过一个个竖井挖出来的暗渠准确连成一条直线？古代的匠人想了很多办法，其中木棍定向法利用线绳连接木棍来定向，油灯定向法则巧妙地利用光学原理确定挖掘方向。

油灯定向法：借助灯葫芦，采用头对头挖掘时能保证准确对接。

一个个这样挖凿出来的竖井，井口就是我们在旅途上看到的分布在戈壁上的那些土堆，在地下通过暗渠连接起来，就形成了完整的坎儿井系统。

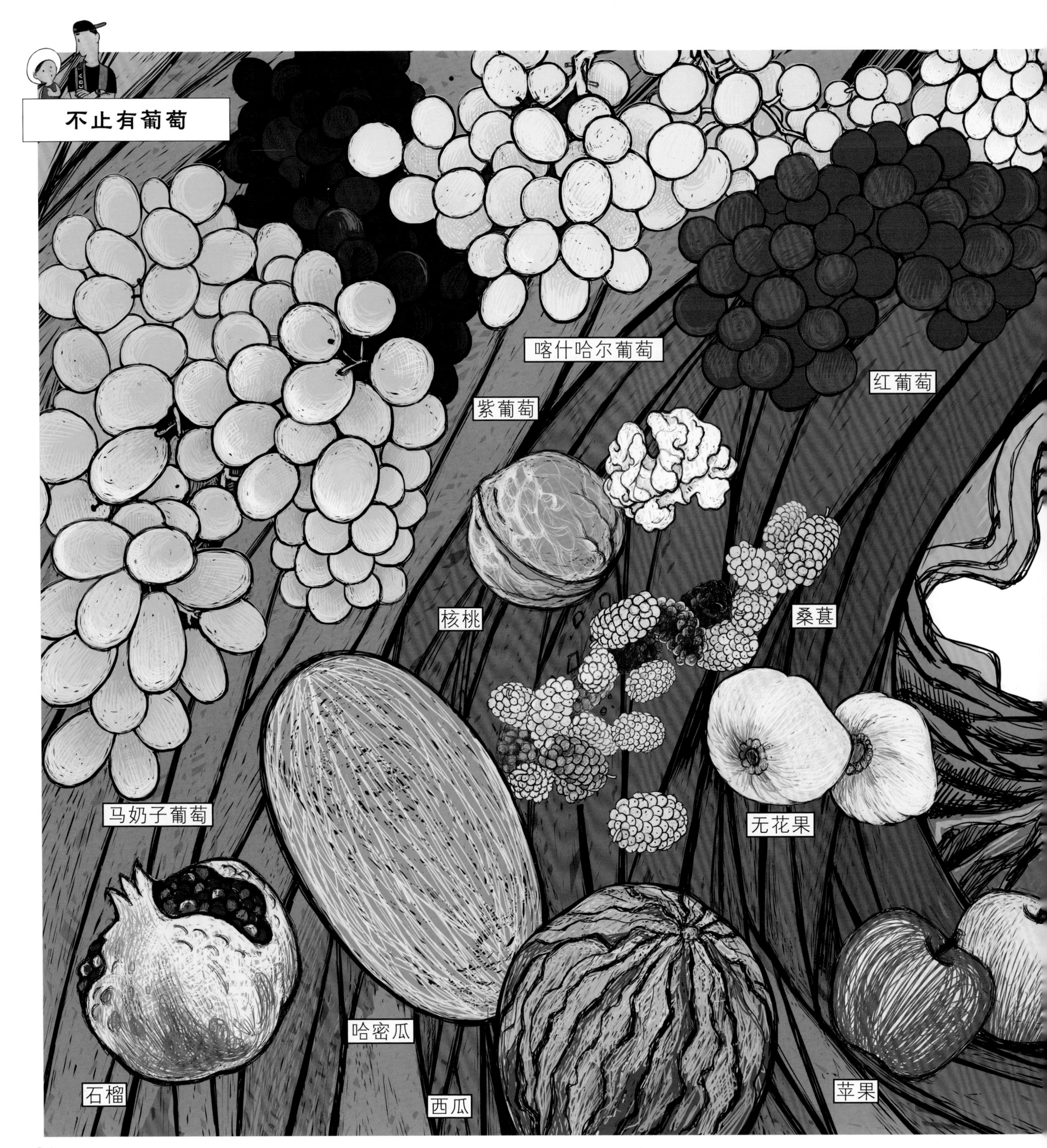
不止有葡萄
喀什哈尔葡萄
红葡萄
紫葡萄
核桃
桑葚
马奶子葡萄
无花果
哈密瓜
石榴
西瓜
苹果

坎儿井灌溉了各种各样的农作物，光是水果就有：西瓜、哈密瓜、苹果、水蜜桃、香梨、杏子……数也数不过来。当然，最著名的还是葡萄。坎儿井的灌溉加上新疆特殊的气候，使得这里的水果格外好吃。

人们在恶劣的环境下努力建造坎儿井，是因为沙漠里水的珍贵。
没有水，也就没有绿洲、没有村落……
坎儿井的身影在史书、古迹中时时闪现。
史记
大宛列传
河渠书
传说，西汉的张骞通西域时，也带来了中原的打井技术。
汉武帝
张骞

托克逊的克尔碱岩画中，其中一幅画上有几个圆点，有人认为这就是当时的坎儿井示意图。
这是古代岩画中最早出现的水系图。
好古老啊！
克尔碱岩画水系图
公元前6～7世纪
先秦的寓言故事中，已经提到“坎井”这个词。
浅不足与测深，愚不足与谋知，坎井之蛙，不可与语东海之乐。
子独不闻夫坎井之蛙乎？
荀子·正论
庄子·秋水

柏孜克里克石窟附近的坎儿井
为在洞窟里画壁画的画师们供水。

唐朝，在吐鲁番的一些地方，比如著名的高昌城，坎儿井已得到广泛使用。
烽燧遗址的考古发现：当时士兵们利用坎儿井种植粮食，自给自足。

历史好像放电影

元朝留下名字的“掘井匠”叫阿山，掘井匠就是现在所说的坎儿井匠。

在吐峪沟乡，有一条坎儿井是明万历十六年（1588）开凿的，至今仍在使用中。它全长1.1千米，每天可以浇地15亩。这条坎儿井已经工作了超过430年。

从清朝乾隆年间开始，吐鲁番周围的农田增多，当地人会自行开凿坎儿井来解决灌溉问题。
我们一起集资挖坎儿井浇地吧。
好呀！
用坎儿井灌溉，每亩要交2钱银子，还是很划算的。
林则徐
林则徐在道光二十五年（1845）来到吐鲁番，看到当地人民使用坎儿井灌溉，觉得很好。后来，他在新疆组织修建了60条新的坎儿井。
左宗棠
光绪三年（1877）开始，左宗棠在新疆用官方开挖的方式，把坎儿井数量增加到800多条。
坎儿井工程一直到20世纪50年代还在继续，坎儿井数量发展到了1000多条！

现在，坎儿井全长5000多千米，它的水流清泉一般灌溉、滋润着大地，使火洲戈壁变成绿洲良田。

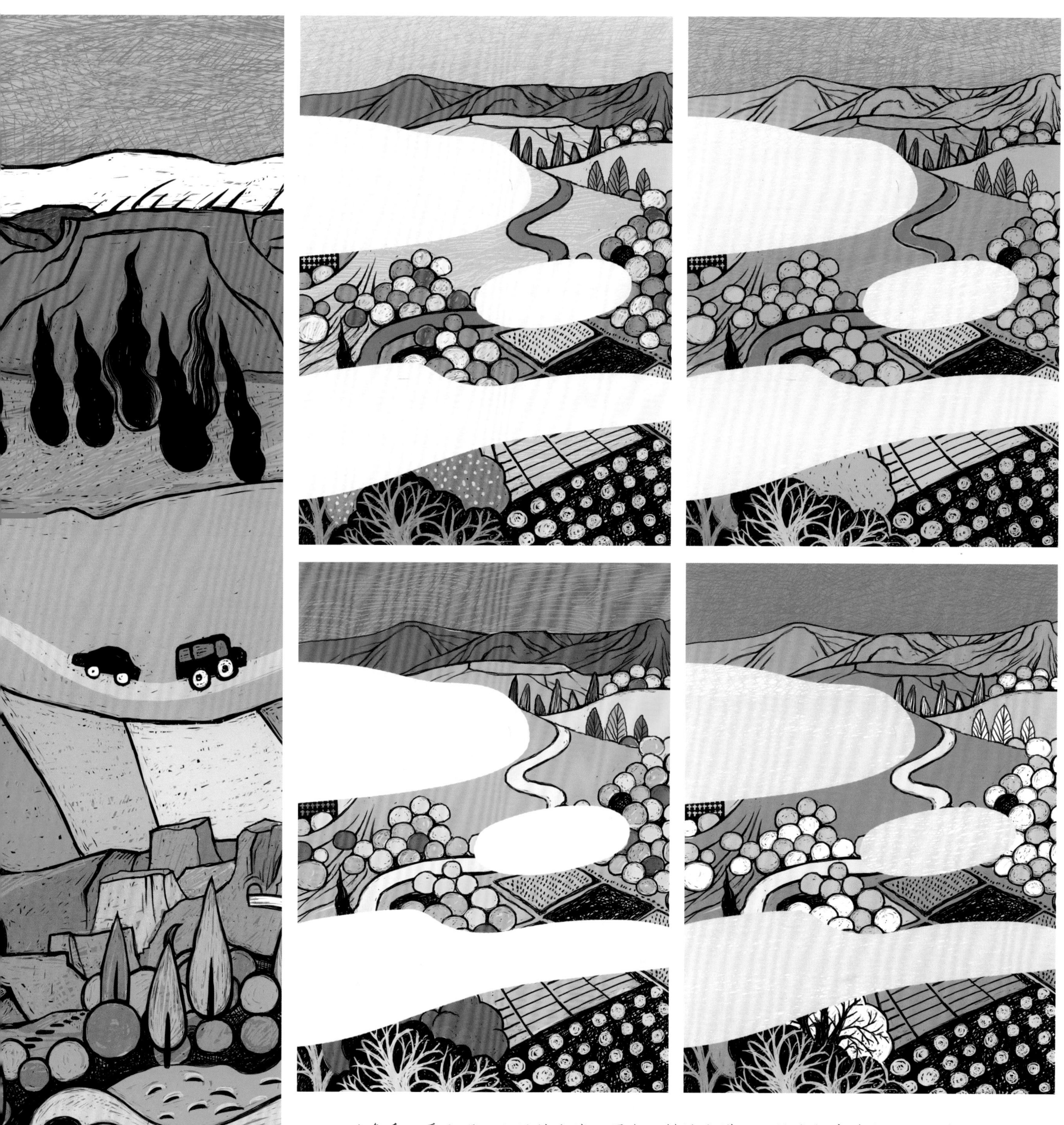

吐鲁番四季分明，肥沃的土壤只要有足够的水灌溉，就会绿意萌发、生机盎然。

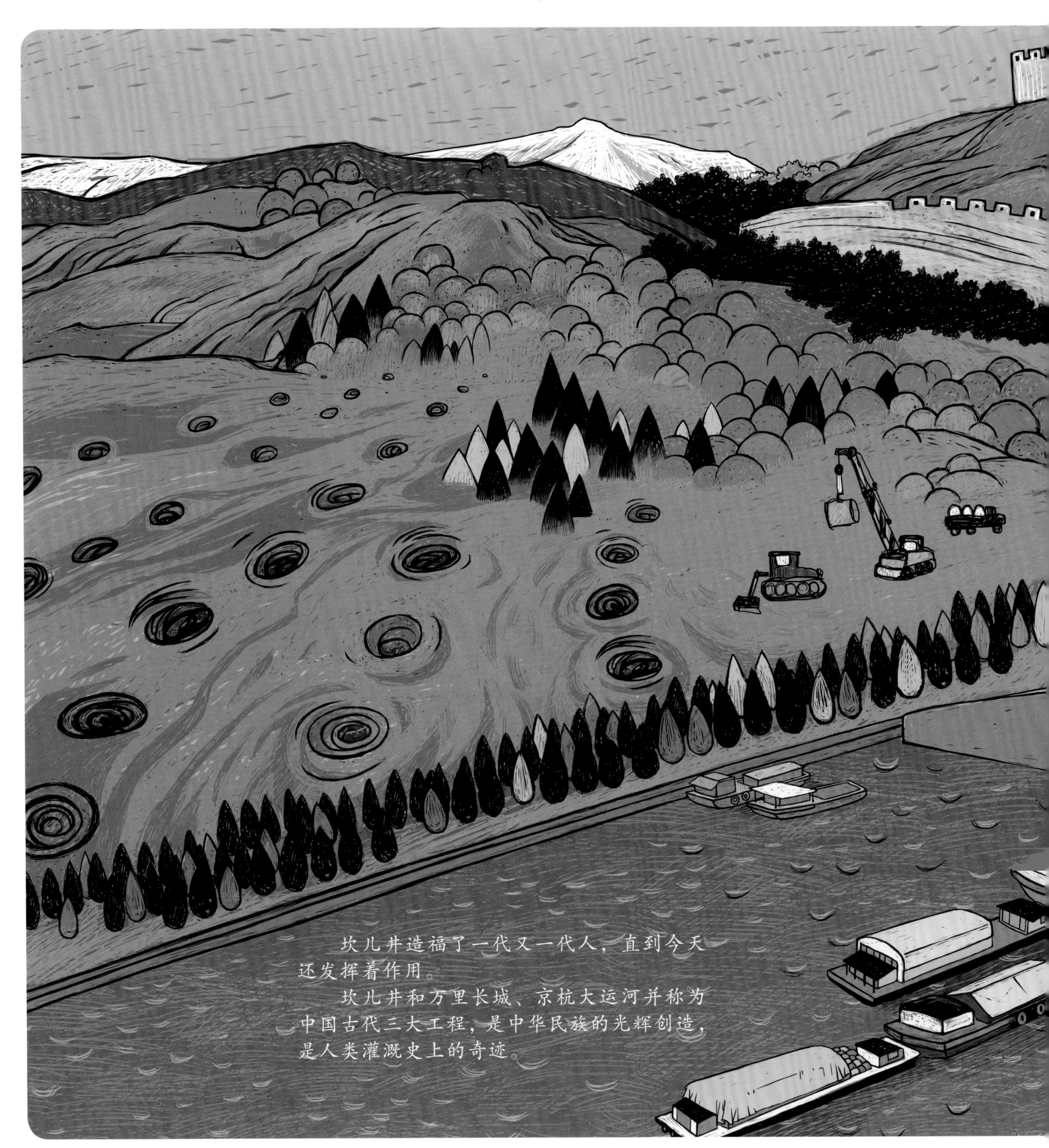

坎儿井造福了一代又一代人，直到今天还发挥着作用。

坎儿井和万里长城、京杭大运河并称为中国古代三大工程，是中华民族的光辉创造，是人类灌溉史上的奇迹。

那现在还有坎儿井匠人吗？
有呀！主要是挖竖井和定期清淤。

我年轻的时候就是坎儿井匠。
1、2、3，茄子！
嘎！
“虽然现在有那么多种水和饮料，但我们还是爱喝坎儿井的水，泡茶甜——”